BEI GRIN MACHT SICH IHR
WISSEN BEZAHLT

- Wir veröffentlichen Ihre Hausarbeit,
  Bachelor- und Masterarbeit

- Ihr eigenes eBook und Buch -
  weltweit in allen wichtigen Shops

- Verdienen Sie an jedem Verkauf

Jetzt bei www.GRIN.com hochladen
und kostenlos publizieren

Bilal Özkan Lafci

Die algebraische Struktur der Gruppe. Eine Einführung anhand des Rubik's Cube

GRIN Verlag

Bibliografische Information der Deutschen Nationalbibliothek:

Die Deutsche Bibliothek verzeichnet diese Publikation in der Deutschen National-bibliografie; detaillierte bibliografische Daten sind im Internet über http://dnb.d-nb.de/ abrufbar.

Impressum:

Copyright © 2008 GRIN Verlag GmbH
Druck und Bindung: Books on Demand GmbH, Norderstedt Germany
ISBN: 978-3-656-70341-9

Dieses Buch bei GRIN:

http://www.grin.com/de/e-book/277616/die-algebraische-struktur-der-gruppe-eine-einfuehrung-anhand-des-rubik-s

GRIN - Your knowledge has value

Der GRIN Verlag publiziert seit 1998 wissenschaftliche Arbeiten von Studenten, Hochschullehrern und anderen Akademikern als eBook und gedrucktes Buch. Die Verlagswebsite www.grin.com ist die ideale Plattform zur Veröffentlichung von Hausarbeiten, Abschlussarbeiten, wissenschaftlichen Aufsätzen, Dissertationen und Fachbüchern.

Besuchen Sie uns im Internet:

http://www.grin.com/

http://www.facebook.com/grincom

http://www.twitter.com/grin_com

Städtisches Jakob-Fugger-Gymnasium

Kollegstufenjahrgang 2006/2008

FACHARBEIT

aus dem Fach

Mathematik

Thema:

Einführung in die algebraische Struktur der Gruppe

Kurztitel[1]:

....

Verfasser der Facharbeit: **Bilal Özkan Lafci**

Leistungskursbezeichnung: **3M1 r**

Kursleiter:

Abgabetermin: **25.01.2008**

Abgegeben am ....

Mündliche Prüfung abgelegt am ....

Erzielte Punkte der schriftlichen Arbeit: 15

Erzielte Punkte der mündlichen Prüfung: 15

Gesamtpunktzahl (3-fach schriftlich + mündlich = 4-fache Wertung): 60

Doppelte Wertung (= 4-fache Wertung geteilt durch 2, gerundet)[2]: 30

Aus der einfachen Wertung (= 4-fache Wertung geteilt durch 4, gerundet): 15

ergibt sich für die Gesamtleistung die Note **15**, in Worten: **fünfzehn**

Unterschrift des Kursleiters: ....

---

[1] Falls das Thema mehr als 90 Zeichen lang ist, wird hier ein Kurztitel für das Abiturzeugnis angegeben.
[2] Die doppelte Wertung (maximal 30 Punkte) geht in die Gesamtqualifikation ein.

Inhaltsverzeichnis

1. Einige einleitende Worte

Schon relativ jung wird der Mensch mit der Mathematik konfrontiert. Wer kennt nicht das kleine Kind von Nebenan, das auf sein zartes Alter von 5 Jahren stolz ist und es mit seiner rechten Hand und natürlich seinen fünf Fingern abzählt. Den Erstklässer, der auf Anhieb die Summe aus 2 + 2 ausrechnet und klar und deutlich das Ergebnis 4 auswendig herausgrölt. Den interessierten Gymnasialschüler, der sich über die richtigen Lösungen in der Matheklausur – und natürlich über die damit erreichte Leistung – ganz „cool" freut.

Doch spätestens im Mathestudium werden sie alle feststellen müssen, dass nicht das Ergebnis die besondere Leistung der Mathematik genauer der Algebra ist, sondern der Vorgang des Rechnens um die jeweilige Lösung zu erhalten.

In der Mathematik bezeichnet man den Teilbereich der Algebra als Gruppentheorie, der sich mit der Verallgemeinerung der Rechengesetze auf algebraische Objekte genannt Gruppen beschäftigt. So bildet für den Mathematikstudenten die Addition auf den kleinen Händen des Nachbarsjungen eine Gruppe G und die Summe aus 2 + 2 kann für ihn auch mal 0 ergeben, nämlich dann wenn die Addition modulo(4) gerechnet wird.

Die Entwicklung der Gruppentheorie fand ihren Ursprung bei dem Mathematiker *Camille Jordan*, der den Begriff der Gruppe durch eine unzureichende Definition erst im Jahre 1868 eingeführt hatte. Durch die Erkenntnisse der Mathematiker *Artur Cayley* und *William Rowan Hamilton* konnte man eine erste mathematische Definition der Gruppe erstellen, welche schon zu Beginn dieser Facharbeit vorgestellt wird.

An diese Definition knüpft eine Unterscheidung von additiven und multiplikativen Gruppen an, wonach die allgemeinen Charakteristika von Gruppen noch erläutert werden. Nachdem der Aufbau von Gruppen und die möglichen Abbildungen von diesen erklärt wurden, werden die erworbenen Kenntnisse der Gruppentheorie auf den Mini Cube aus der rubikschen Zauberwürfelreihe angewandt, um die übergeordnete Rolle und die Bedeutung der Gruppentheorie zu präsentieren.

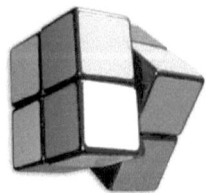

2. Mathematische Definition des Gruppenbegriffs

Die Definition des Gruppenbegriffs wird erst durch das Verständnis von allgemeinen mathematischen Verknüpfungen möglich, wobei die Verknüpfung der Oberbegriff für die gängigen schulischen Rechenoperationen ist.

Man unterscheidet je nach Anzahl der Elemente zwischen ein-, zwei- und mehrstelligen Verknüpfungen und je nach Mengenzugehörigkeit zwischen inneren ($a \circ b$ mit $a, b \in M$) und äußeren ($a \circ b$ mit $a \in A$ und $b \in B$) Verknüpfungen.

Definition:

Eine Verknüpfung (Operator) $\circ$ auf einer nicht leeren Trägermenge G mit $e \in G$ ist eine Gruppe $(G, \circ)$, wenn folgende Axiome erfüllt sind:

(1) Axiom der *Abgeschlossenheit*

$\circ: G \times G \to G$ mit $(a, b) \mapsto a \circ b$, das jedem geordneten Paar (a, b) mit $a, b \in G$ als Ergebnis der Verknüpfung ein weiteres Element $(a \circ b) \in G$ zuordnet. Da das Ergebnis in der Trägermenge G liegt, nennt man die Verknüpfung *abgeschlossen* auf G.

(2) Axiom der *Assoziativität*

Die Verknüpfung von mehreren Elementen muss *assoziativ* sein:

$$(a \circ b) \circ c = a \circ (b \circ c) \quad \forall a, b, c \in G$$

Dieses Gesetz besagt, dass Klammern bei gleich bleibender Gruppenoperation $\circ$ beliebig gesetzt werden können.

(3) Axiom des (linksseitigen) *neutralen Elements*

Es existiert ein $e \in G$, so dass für alle Verknüpfungen von a mit dem neutralen Element e auf G das Ergebnis identisch zum Ursprungselement a ist:

$$e \circ a = a \quad \forall a \in G$$

(4) Axiom des (linksseitigen) *inversen Elements*

Zu jedem $a \in G$ existiert ein (linksseitiges) Inverses $a^{-1} \in G$, so dass die Verknüpfung des Inversen mit dem Element a das neutrale Element e ergibt:

$$a^{-1} \circ a = e \quad \forall a \in G$$

Das inverse Element a^{-1} ist das eindeutige Gegenelement zu a mit $a^{-1}, a \in G$.

Diese Axiome reichen aus, damit die innere binäre Verknüpfung $\circ: G \times G \to G$ eine Gruppe $(G, \circ)$ mit der Gruppenoperation $\circ$ darstellt. Ist aus dem Zusammenhang klar, dass es sich um eine Gruppe handelt, schreibt man vereinfachend G anstatt $(G, \circ)$.

Eine spezielle Erweiterung des Gruppenbegriffs ist die *ABEL'sche* oder *kommutative Gruppe*, die zusätzlich zu den grundlegenden Gruppenaxiomen das Kommutativgesetz erfüllt, wodurch die Reihenfolge der Verknüpfungen der einzelnen Elemente der Trägermenge G vertauschbar und somit beliebig ist. Es gilt:

$$a \circ b = b \circ a$$

Beschränkt man sich nur auf einzelne Axiome wird die mathematische Gruppenstruktur aufgelöst und man erhält spezielle algebraische Strukturen wie:

- das *Gruppoid* oder auch *Magma* genannt, das nur das Axiom der Abgeschlossenheit erfüllt (z.B. die binäre innere Verknüpfung ($\mathbb{Z}$,-))
- die *Halbgruppe*, die dem Axiom der Abgeschlossenheit und dem Assoziativgesetz genügt – ein assoziatives Magma also. (z.B. die Halbgruppe ($\mathbb{N}$,+))
- das *Monoid*, das eine Halbgruppe mit neutralem Element ist. So erfüllt es die ersten drei Axiome der Gruppe (z.B. die Monoide ($\mathbb{N}$,·) und ($\mathbb{N}_0$,+))

An den konkreten Beispielen der algebraischen Strukturen erkennt man, dass der Operator $\circ$ ein theoretisches allgemeines Verknüpfungssymbol ist und je nach Art der Verknüpfung der Elemente unter anderem zu den gängigen Rechenoperation der Addition + und Multiplikation · werden kann.

3. Unterscheidung zwischen additiven und multiplikativen Gruppen

Der abstrakte allgemeine Gruppenbegriff wird bei der Anwendung auf additive und multiplikative Gruppen spezifiziert und lässt sich an diesen Beispielen in der Praxis veranschaulichen.

Die additiven Gruppen sind auf der Trägermenge der ganzen Zahlen $\mathbb{Z}$ bis zu der Menge der komplexen Zahlen $\mathbb{C}$ und sogar auf dem Vektorraum V definiert, wobei die Addition + die Verknüpfung unter den einzelnen Elementen darstellt.

Als Beispiel für additive Gruppen, auch *Modul* genannt, dient die Verknüpfung ($\mathbb{Z}$,+):

(1) Es gilt das Axiom der Abgeschlossenheit: Die Summe $a + b$ ist Element der ganzen Zahlen, d.h. die Addition ist abgeschlossen auf $\mathbb{Z} \rightarrow$ **B:** $\boxed{(-5) + 8 = 3 \quad \text{mit} \quad \{3\} \in \mathbb{Z}}$

(2) Die Addition von mehreren Elementen ist auf $\mathbb{Z}$ assoziativ:

$(a + b) + c = a + (b + c) \quad \forall a, b, c \in \mathbb{Z} \rightarrow$ **B:** $\boxed{(3 + 8) + 4 = 3 + (8 + 4) \implies 15 = 15}$

(3) Existenz des (linksseitigen) neutralen Elements e, das bei der additiven Gruppe das *Nullelement* 0 ist: $0 + a = a \quad \forall a \in \mathbb{Z} \rightarrow$ **B:** $\boxed{0 + (-3) = -3}$

(4) Das (linksseitige) inverse Element a^{-1} zu a ist in der additiven Gruppe das Element $-a$. Bei einer Addition mit diesem erhält man das Nullelement 0. Die allgemeine Notation des inversen Elements darf nicht mit dem Kehrwert verwechselt werden: $(-a) + a = 0$ $\forall a, (-a) \in \mathbb{Z} \rightarrow$ **B:** $\boxed{(-3) + 3 = 0}$

Die Anwendung des Kommutativgesetzes auf das Modul $(\mathbb{Z}, +)$ zeigt, dass es sich hier um eine abelsche Gruppe handelt: $a + b = b + a$ $\forall a, b \in \mathbb{Z} \rightarrow$ **B:** $\boxed{3 + 4 = 4 + 3 \;\Rightarrow\; 7 = 7}$

Während die Addition schon auf der Trägermenge $\mathbb{Z}$ eine Gruppe bildet, braucht man für die Multiplikation aufgrund der Gruppenaxiome mindestens die Trägermenge $\mathbb{Q}$, in der das Element 0 ausgeschlossen wird. Die Verknüpfung $(\mathbb{Q}\backslash\{0\}, \cdot)$ mit dem Operator $\cdot$ bildet nach den Gruppenaxiomen eine abelsche Gruppe:

(1) Das Produkt ab mit $a, b \in \mathbb{Q}\backslash\{0\}$ liegt in der Menge der rationalen Zahlen $\mathbb{Q}$, d.h. die multiplikative Verknüpfung erfüllt das Axiom der Abgeschlossenheit

(2) Die Multiplikation ist auf $\mathbb{Q}\backslash\{0\}$ assoziativ: $(ab)c = a(bc)$ $\forall a, b, c \in \mathbb{Q}\backslash\{0\} \rightarrow$

$\rightarrow$ **B:** $\boxed{3 \cdot (4 \cdot 5) = (3 \cdot 4) \cdot 5 \;\Rightarrow\; 60 = 60}$ (wahre Aussage als Beweis der Gültigkeit)

(3) Das neutrale (linksseitige) *Einselement* 1 erfüllt die Bedingung des neutralen Elements e in der Gruppe $(\mathbb{Q}\backslash\{0\}, \cdot)$: $1 \cdot a = a$ $\forall a \in \mathbb{Q}\backslash\{0\} \rightarrow$ **B:** $\boxed{1 \cdot 3 = 3}$

(4) Das (linksseitige) inverse Element a^{-1} ist bei der Multiplikation der Kehrwert zum Element a, so dass eine Verknüpfung mit diesem das Einselement 1 ergibt.

$a \cdot a^{-1} = 1$ $\forall a, a^{-1} \in \mathbb{Q}\backslash\{0\} \rightarrow$ **B:** $\boxed{3 \cdot 3^{-1} = 1}$

Damit die algebraische Struktur eine Gruppe ist, muss es für jedes Element der Trägermenge ein Inverses geben, das jedoch für $a = 0$ nicht gegeben ist und so zum Ausschluss der 0 aus der Trägermenge für multiplikative Gruppen führt. Der Ausdruck 0^{-1} ist nicht definiert! Bei den inversen Elementen der Multiplikation treten Brüche auf, die nur ab der Menge der rationalen Zahlen definiert sind.

Für die Multiplikation auf $\mathbb{Q}\backslash\{0\}$ gilt zusätzlich noch das Kommutativgesetz, wodurch man eine abelsche multiplikative Gruppe $(\mathbb{Q}\backslash\{0\}, \cdot)$ erhält: $a \cdot b = b \cdot a$ $\forall a, b \in \mathbb{Q}\backslash\{0\}$

$\rightarrow$ **B:** $\boxed{3 \cdot 4 = 4 \cdot 3 \;\Rightarrow\; 12 = 12}$ (wahre Aussage als Beweis der Gültigkeit)

Während die Multiplikation und die Addition Gruppen erzeugen, können algebraische Strukturen mit der Division und der Subtraktion als Operatoren aufgrund der fehlenden Assoziativität keine Gruppen bilden:

• für das Magma $(\mathbb{Z}, -)$ gilt: $(1 - 2) - 3 \neq 1 - (2 - 3) \;\Rightarrow\; -4 \neq 2 \rightarrow$ <u>keine</u> Assoziativität

• für das Magma $(\mathbb{Q}\backslash\{0\}, \div)$ gilt: $(1 : 2) : 3 \neq 1 : (2 : 3) \;\Rightarrow\; \frac{1}{6} \neq \frac{3}{2} \rightarrow$ <u>keine</u> Assoziativität

4. Eigenschaften von Gruppen

Bei der Definition des Gruppenbegriffs durch Axiome wurden Einschränkungen hinsichtlich der Stellung des neutralen und inversen Elements vorgenommen, da Axiome als Grundansätze dienen, woraus alles Nötige deduktiv hergeleitet werden kann. Außerdem muss noch die Eindeutigkeit des neutralen und inversen Elements, die eindeutige Lösbarkeit von Gleichungen und die Kürzungsregel auf der Trägermenge G gezeigt werden, damit man in gewohnter Manier in Gruppen „schulisch rechnen" kann.

4.1. Satz 1: <u>Analogie des links- und rechtseitigen neutralen Elements</u>

<u>Beweis</u>: $e \circ a \overset{(4)}{=} (a \circ a^{-1}) \circ a \overset{(2)}{=} a \circ (a^{-1} \circ a) = a \circ e \quad \forall a \in G$

Durch Anwendung des inversen Elements (4) und der Assoziativität (2) zeigt man die Gültigkeit von $e \circ a = a \circ e$ für jedes $a \in G$.

Dieselbe bewiesene Eigenschaft trifft auch auf das inverse Element a^{-1} zu.

4.2. Satz 2: <u>Übereinstimmung des links- und rechtsinversen Elements</u>

<u>Beweis</u>: $a \circ a^{-1} \overset{(3)}{=} e \circ (a \circ a^{-1}) \overset{(4)}{=} ((a^{-1})^{-1} \circ a^{-1}) \circ (a \circ a^{-1}) \overset{(2)}{=} (a^{-1})^{-1} \circ (a^{-1} \circ (a \circ a^{-1})) \overset{(2)}{=}$

$\overset{(2)}{=} (a^{-1})^{-1} \circ ((a^{-1} \circ a) \circ a^{-1}) \overset{(4)}{=} (a^{-1})^{-1} \circ (e \circ a^{-1}) \overset{(3)}{=} (a^{-1})^{-1} \circ a^{-1} \overset{(4)}{=} e \quad \forall a \in G$

Der Beweis beruht auf der Annahme, dass eine Verknüpfung von a mit seinem rechtsinversen Element a^{-1} auch das neutrale Element e ergeben muss. So formt man anhand der Gruppenaxiome ((2);(3);(4)) um, bis man die Verknüpfung auf das axiomatische linksinverse Element zurückgeführt hat, woraus das neutrale Element e wie gewohnt resultiert. Darum reicht es aus, nur linksinverse Elemente axiomatisch als Grundlage vorauszusetzen.

Nebenbei stellt man bei den Ausführungen als weitere Eigenschaft fest, dass das Inverse von a^{-1} wieder a ist: $(a^{-1})^{-1} = a \quad \forall a \in G$

Aus dieser Eigenschaft lässt sich schon die Behauptung erschließen, dass das inverse Element a^{-1} zu a eindeutig bestimmt ist.

4.3. Satz 3: <u>Eindeutigkeit des inversen Elements</u>

<u>Beweis</u>: Seien $u, v \in G$ Inverse von $a \in G$. Daraus folgt:

$$u \overset{(3)}{=} e \circ u \overset{(4)}{=} (v \circ a) \circ u \overset{(2)}{=} v \circ (a \circ u) \overset{(4)}{=} v \circ e \overset{Satz.1}{=} v \quad \Rightarrow \quad u = v = a^{-1}$$

Hiermit wurde die Eindeutigkeit des inversen Elements a^{-1} für alle $a \in G$ gezeigt.

4.4. Satz 4: **Eindeutigkeit des neutralen Elements**

Beweis: Die Verknüpfung der neutralen Elemente $e, e^{\bullet} \in G$ miteinander hat als Ergebnis wiederum jeweils das neutrale Element:

$$\text{I. } e \circ e^{\bullet} \overset{(3)}{=} e^{\bullet} \text{ und II. } e \circ e^{\bullet} \overset{(3)}{=} e \Rightarrow e = e^{\bullet}$$

Die Verknüpfung I baut auf das linksinverse Element e, während in II mit dem rechtsneutralen Element $e^{\bullet}$ operiert wird. Durch die Transitivität beider Verknüpfungen erreicht man die Übereinstimmung von e und $e^{\bullet}$, wodurch die Eindeutigkeit des neutralen Elements in einer Gruppe G demonstriert wurde.

Ein weiteres Verfahren um die Eindeutigkeit des neutralen als auch des inversen Elements zu verdeutlichen, ist durch die Ermittlung der eindeutigen Lösung von Gleichungen.

4.5. Satz 5: **Eindeutige Lösungen von Gleichungen auf Gruppen**

Beweis: Für die Gleichung $a \circ x = b$ mit $a, b \in G$ existiert zunächst einmal die

Lösung $x = a^{-1} \circ b$ auf der Trägermenge G. Durch Einsetzen in die

Gleichung $a \circ x = b$ erhält man die Bestätigung dieser Behauptung:

$$a \circ x = a \circ (a^{-1} \circ b) \overset{(2)}{=} (a \circ a^{-1}) \circ b \overset{(4)}{=} e \circ b \overset{(3)}{=} b$$

Nachdem die Existenz einer Lösung bewiesen wurde, muss die Methodik zur Ermittelung des Ergebnisses $x \in G$ noch dargelegt werden.

$$a \circ x = b \mid \circ a^{-1} \Rightarrow a^{-1} \circ (a \circ x) = a^{-1} \circ b \overset{(2)}{\Rightarrow} (a^{-1} \circ a) \circ x = a^{-1} \circ b \overset{(4)}{\Rightarrow}$$

$$\overset{(4)}{\Rightarrow} e \circ x = a^{-1} \circ b \overset{(3)}{\Rightarrow} x = a^{-1} \circ b \text{ (eindeutige Lösung } x \text{ mit } x \in G)$$

Die Eindeutigkeit folgt aus dem Prinzip, dass man zwei strukturell gleiche Gleichungen mit verschiedenen Variablen x und $x^{\bullet}$ ($x \neq x^{\bullet}$) gleichsetzt, woraus die Identität der Lösungen resultiert.

I. $a \circ x = b$ und II. $a \circ x^{\bullet} = b$

$$a \circ x = a \circ x^{\bullet} \mid \circ a^{-1} \Rightarrow a^{-1} \circ (a \circ x) = a^{-1} \circ (a \circ x^{\bullet}) \overset{(2)}{\Rightarrow}$$

$$(a^{-1} \circ a) \circ x = (a^{-1} \circ a) \circ x^{\bullet} \overset{(4)}{\Rightarrow} e \circ x = e \circ x^{\bullet} \overset{(3)}{\Rightarrow} x = x^{\bullet}$$

Aufgrund der Allgemeinheit der Gruppeneigenschaften, die unabhängig vom abelschen Kommutativgesetz gelten, muss man die Vorgehensweise und die Eindeutigkeit der Lösung auch für die Gleichung $x \circ a = b$ zeigen, die analog zum Beweis von der Gleichung $a \circ x = b$ erfolgt.

Die Eindeutigkeit des neutralen Elements e und des inversen Elements a^{-1} lässt sich anhand von den folgenden Gleichungen beweisen:

- Auflösen der Gleichung $g \circ x = g$ nach $x \;\to\; x = g^{-1} \circ g \overset{(4)}{=} e$

- Auflösen der Gleichung $g \circ x = e$ nach $x \;\to\; x = e \circ g^{-1} \overset{(3)}{=} g^{-1}$

Um möglichst komfortabel eine eindeutige Lösung aus einer Gleichung zu erhalten, bedient man sich der Kürzungsregel beim „Rechnen", jedoch muss zunächst einmal gezeigt werden, dass man in Gruppen kürzen darf!

4.6. Satz 6: <u>Division auf Gruppen – die „Kürzungsregel"</u>

<u>Beweis</u>: Die Ausführung der Kürzungsregel anhand der Gruppenaxiome wird an der Gleichung $a \circ b = a \circ c$ mit $a, b, c \in G$ erläutert, wobei der ausschlaggebende Schritt die Verknüpfung mit dem inversen Element a^{-1} ist:

$$a \circ b = a \circ c \,\big|\, \circ\, a^{-1} \;\Rightarrow\; a^{-1} \circ (a \circ b) = a^{-1} \circ (a \circ c) \overset{(2)}{\Rightarrow}$$

$$(a^{-1} \circ a) \circ b = (a^{-1} \circ a) \circ c \overset{(4)}{\Rightarrow} e \circ b = e \circ c \overset{(3)}{\Rightarrow} b = c$$

Um mehrere Elemente einer Gleichung auf einmal kürzen zu können, bedarf es dem inversen Element einer ganzen Verknüpfung, das auf Gruppen erst bestätigt werden muss:

4.7. Satz 7: <u>Das Inverse einer gesamten Verknüpfung</u>

<u>Beweis</u>: Für das Inverse gilt: $\boxed{(a \circ b)^{-1} = a^{-1} \circ b^{-1}}$

$$(b^{-1} \circ a^{-1}) \circ a \circ b \overset{(2)}{=} b^{-1} \circ (a^{-1} \circ a) \circ b \overset{(4)}{=} b^{-1} \circ e \circ b \overset{(3)}{=} b^{-1} \circ b \overset{(4)}{=} e$$

Hier wurde die Gültigkeit der Regel für zwei Elemente $a, b \in G$ beleuchtet, jedoch gilt diese Regel für eine endliche Anzahl an miteinander verknüpften Elementen.

Das Wichtige bei diesen Beweisen ist, dass dabei ausschließlich auf die axiomatischen Eigenschaften von Gruppen zurückgegriffen wird. Für jeden einzelnen Umformungs-schritt kann man also ein Axiom anführen und seine Zulässigkeit voraussetzen, was die Arbeit beim Rechnen merklich erleichtert.

5. Gruppentheoretische Strukturaussagen

Durch einfache Kenntnisse über die Verknüpfung der Elemente einer Menge G auf G und über den Aufbau dieser Trägermenge G kann man Rückschlüsse über die algebraische Struktur einer Gruppe ziehen. In diesem Zusammenhang spricht man von der Ordnung der Gruppe und des Elements, wobei die Gruppenordnung globale und die Ordnung des Elements lokale Informationen über die Struktur der Gruppe liefert.

5.1. Die Kardinalität oder auch Ordnung der Gruppe

Als Kardinalität oder Ordnung einer Gruppe bezeichnet man die Mächtigkeit also die Anzahl der Elemente der Trägermenge G. Die mathematische Notation für die Kardinalität lautet:

$$|G| = Ord(G)$$

Die Mächtigkeit der Trägermenge G entscheidet, ob es sich bei der untersuchten Gruppe um eine *unendliche* oder *endliche* Gruppe handelt:

• Die unendlichen Gruppen:

Bisher haben wir nur in den offenen Trägermengen der ganzen Zahlen $\mathbb{Z}$ bis zu der Menge der komplexen Zahlen $\mathbb{C}$ operiert. Diese Mengen erstrecken sich ins Unendliche, wodurch alle Gruppen auf diesen Mengen die Kardinalität $|G| = \infty$ besitzen.

Beispiel: Die additive Gruppe $(\mathbb{Z},+)$ mit der Gruppenordnung $|\mathbb{Z}| = \infty$

• Die endlichen Gruppen:

Endliche Gruppen sind in der Geometrie beispielsweise bei Isometrien, der Abbildung geometrischer Figuren auf sich selbst und in der Algebra bei der Restklassenaddition modulo n zu finden. Diese Gruppen operieren auf abgeschlossenen Mengen mit der Kardinalität $|G| = n$ mit $n \in \mathbb{N}$.

Beispiel: Die additive Restklassengruppe modulo 4 $(G_4, \oplus_4)$ mit der Menge $G_4 = \{0; 1; 2; 3\} \rightarrow |G_4| = 4$ und der Operation $\oplus_4$ (die Addition $a + b$ mit $a, b \in G$, wobei die Summe durch 4 dividiert werden muss und der Rest als Ergebnis zählt). Die Verknüpfungstafel veranschaulicht, dass es sich um eine ABEL'sche Gruppe handelt.

Verknüpfungstafel:

$\oplus_4$	0	1	2	3
0	0	1	2	3
1	1	2	3	0
2	2	3	0	1

5.2. Die Periode oder Ordnung eines Elements

In jeder beliebigen Gruppe G existiert für die Verknüpfung $a \circ a$ aufgrund der Abgeschlossenheit bezüglich $\circ$ ein Ergebnis a^2. Dies gilt auch für alle von a verschiedenen Elemente der Trägermenge G. Aus der aufeinander folgenden Verknüpfung der Elemente a erhält man die Folge $a, a^2, a^3, \ldots$ mit $a^0 = e$ als neutrales Element. Während sich diese Folge in *unendlichen* Gruppen ins Unendliche ∞ erstreckt, muss es für diese Folge gleiche Elemente in *endlichen* Gruppen geben:

Sei $a^k = a^l$ mit $k, l \in \mathbb{N}$ und $l > k$

Wegen $l > k$ gilt: I. $\quad l = l + k - k = k + l - k$

$$a^l = a^k \stackrel{(I.)}{\Rightarrow} a^{k+l-k} = a^k \stackrel{(2)}{\Rightarrow} a^k \circ a^{l-k} = a^k \Big| \circ a^{-k}$$

$$a^{l-k} = e \quad \text{mit} \quad l - k > 0$$

Es sei n die <u>kleinste</u> natürliche Zahl, so dass $a^n = e$ mit $n > l > k \;\rightarrow\; n > l - k$. Das widerspricht der Wahl von n und der Annahme, dass es gleiche Elemente in der Folge gibt $a^{l-k} \neq e$, womit bewiesen wurde, dass alle Elemente in der Folge unterschiedlich sind. Durch die Eindeutigkeit des neutralen Elementes e in einer Gruppe wird a^n aus der Trägermenge G ausgeschlossen und zählt somit nicht mehr zu der *endlichen* Folge. Das letzte Glied dieser Folge ist die Potenz a^{n-1}.

Die Darstellung jeder ganzen Zahl m durch die Gleichung $m = q \cdot n + r$ mit $0 \le r < n$ verdeutlicht, dass alle Potenzen von a schon in der Folge $a^0, a^1, \ldots, a^{n-1}$ enthalten sind:

$$a^m = a^{q \cdot n + r} = a^{q \cdot n} \circ a^r = (a^n)^q \circ a^r = (e)^q \circ a^r = e \circ a^r = a^r \text{ mit } r < n \text{ und } a^r \in \langle a \rangle$$

Definition der Ordnung eines Elementes:

Die Ordnung oder Periode eines Elementes a einer Gruppe G ist die kleinste Zahl $n \in \mathbb{N}$, so dass $\boxed{a^n = e}$ mit $a \neq e$ gilt. D.h. bei n Verknüpfungen von a mit sich selbst erhält man das neutrale Element e. Man schreibt auch $|a| = Ord(a) = n$. Nur für die *endlichen* Gruppen ist die Ordnung des Elementes n, während in *unendlichen* Gruppen die Ordnung hypothetisch gegen $|a| = \infty$ strebt. Dies resultiert aus der Annahme, dass die Folge im Unendlichen ∞ hypothetisch endet. Die Ordnung des neutralen Elements e ist 1 ($|e| = 1$).

Beispiele für die Ordnung eines Elementes

- Die endliche additive Restklassengruppe modulo 4 $\left(G_4, \oplus_4\right)$ mit der Trägermenge $G_4 = \{0; 1; 2; 3\}$ und der Operation $\oplus_4$

Es gilt: $a \oplus_4 b := (a + b) \bmod 4$ für alle Elemente von $G_4 = \{0; 1; 2; 3\}$

Man überzeugt sich leicht, dass die endliche Gruppe G_4 eine abelsche Gruppe mit dem neutralen Element 0 ist, welches die Ordnung 1 hat. Für die Ordnung der anderen Elemente gilt:

> $|1| = 4$, da $1^n = 0 \;\Rightarrow\; \underbrace{(1 + ... + 1)}_{n} \bmod 4 = (n \cdot 1) \bmod 4 = 0 \;\Rightarrow\; n \cdot 1 = m \cdot 4$ mit

Betrag $|m|$ so klein wie möglich $\rightarrow$ $n = 4$ und $m = 1 \;\Rightarrow\; 4 \cdot 1 = 1 \cdot 4 \;\Rightarrow$

$\Rightarrow\; 4 = 4 \;\Rightarrow\; (4 \cdot 1) \bmod 4 = (4) \bmod 4 = 0$

> $|2| = 2$, da $2^n = 0 \;\Rightarrow\; (n \cdot 2) \bmod 4 = 0 \;\Rightarrow\; n \cdot 2 = m \cdot 4 \;\rightarrow\; n = 2$ und $m = 1$

$\Rightarrow\; 2 \cdot 2 = 1 \cdot 4 \;\Rightarrow\; 4 = 4 \;\Rightarrow\; (2 \cdot 2) \bmod 4 = (4) \bmod 4 = 0$

> $|3| = 4$, da $3^n = 0 \;\Rightarrow\; (n \cdot 3) \bmod 4 = 0 \;\Rightarrow\; n \cdot 3 = m \cdot 4 \;\rightarrow\; n = 4$ und $m = 3$

$\Rightarrow\; 4 \cdot 3 = 3 \cdot 4 \;\Rightarrow\; 12 = 12 \;\Rightarrow\; (4 \cdot 3) \bmod 4 = (12) \bmod 4 = 0$

In der endlichen Gruppe $\left(G_4, \oplus_4\right)$ hat das Element 2 die Ordnung 2, während die Elemente 1 und 3 die Ordnung 4 aufweisen.

- die unendliche additive Gruppe $(\mathbb{Z}, +)$ ist eine abelsche Gruppe mit dem neutralen Element 0 und dem zu a inversen Element $- a$. Die n-te Potenz von a mit $a \in \mathbb{Z}$ ist mit der Addition als verknüpfende Operation die n-fache Summe:

$$a^n = \underbrace{a \circ ... \circ a}_{n} = \underbrace{a + ... + a}_{n} = n \cdot a$$

Die Ordnung als kleinste Zahl n für die $n \cdot a = 0$ mit $a, n \neq 0$ existiert nicht, womit die Ordnung der Elemente a mit $a \in \mathbb{Z} \backslash \{0\}$ unendlich ∞ ist. Wie gewohnt hat das neutrale Element 0 die Ordnung 1.

Die Ordnung einer Gruppe und eines Elementes dienen als wichtige Parameter bei der Beschreibung und Konstruktion von Gruppen, aber vor allem im Zusammenhang mit Untergruppen verdeutlicht sich ihr Nutzen. Die Effizienz der Einführung des Ordnungsbegriffs zeigt sich schon im nächsten Kapitel.

5.3. Die zyklische Gruppe

In der endlichen additiven Restklassengruppe modulo 4 $(G_4, \oplus_4)$ ist die Ordnung der Elemente 1 und 3 gleich der Gruppenordnung $|G_4| = 4$. Somit kann das Element 1 die ganze Trägermenge $G_4 = \{0; 1; 2; 3\}$ durch wiederholtes Verknüpfen mit sich selbst erzeugen. Da die 3 als Element von G_4 auch durch eine dreifache Verknüpfung der 1 mit sich selbst gebildet werden kann, wird die 1 als einziger *Erzeuger der Gruppe* bezeichnet und die Gruppe wird als *zyklisch* gekennzeichnet.

Definition: Eine Gruppe $(G, \circ)$ heißt genau dann *zyklisch*, wenn es ein Element $a \in G$, gibt, so dass es zu jedem $g \in G$ ein $n \in \mathbb{Z}$ existiert mit $g = a^n$. Man nennt a den Erzeuger der zyklischen Gruppe G, das jedes Element von der Trägermenge G als Potenz von a abbilden kann. Man notiert:

$$\langle a \rangle = \left\{ a^n \,\middle|\, n = 0; \pm 1; \pm 2; ... \right\}$$

Für additive Gruppen gilt: $\quad a^n = \underbrace{a \circ ... \circ a}_{n} = \underbrace{a + ... + a}_{n} = n \cdot a$

Genauso wie bei anderen Gruppen unterscheidet man auch bei zyklischen Gruppen zwischen den Endlichen und Unendlichen. Die unendliche Gruppe $(\mathbb{Z}, +)$ wurde schon im letzten Kapitel vorgestellt und erweist sich bei näherer Betrachtung als eine zyklische Gruppe mit den erzeugenden Elementen 1 und -1. Die anderen Elemente werden durch diese Erzeuger gebildet:

- das neutrale Element 0 der Gruppe resultiert aus der Verknüpfung von 1 mit seinem Inversen: $1 + (-1) = 0$ mit $0 \in \mathbb{Z}$ (aufgrund der Kommutativität gilt das auch für -1)
- alle anderen Elemente von $\mathbb{Z}$ werden durch n-fache Verknüpfung von 1 und -1 erzeugt: $n \cdot 1 = n$ und $n \cdot (-1) = -n$ mit jeweils $n \in \mathbb{Z}$

Die Ordnung der Gruppe als auch die Ordnung des erzeugenden Elements a sind für unendliche zyklische Gruppen unendlich ∞. Über die Ordnung der Gruppe und des Elementes gilt in endlichen zyklischen Gruppen der **kleine Satz von Fermat**:

$$a^{|G|} = e \text{ mit } |G| = n \qquad \text{z.B. bei } (G_4, \oplus_4) \text{ gilt } 1^{|G_4|} = 1^4 = (4 \cdot 1) \bmod 4 = 0$$

Die Trägermenge A der zyklischen Gruppe $\langle a \rangle$ ist eine Teilmenge jeder Trägermenge G ($A \subseteq G$) einer Gruppe, das auch die Elemente $a, b, c, ...$ enthält. D.h. die zyklische Gruppe bildet eine Untergruppe U der Gruppe G.

6. Der Aufbau von Gruppen

6.1. Die Untergruppe U von der Gruppe G

Die zyklische Gruppe $\langle a \rangle$ mit $a \in G$ als *Erzeuger* oder eine Gruppe $\langle M \rangle$ mit der nichtleeren Teilmenge $M \subset G$ als *Erzeugendsystem* bilden Untereinheiten einer Gruppe G.

Man nennt zählt sie zu den so genannten *Untergruppen* U einer Gruppe G.

Obwohl die Untergruppe U genauso wie G eine Gruppe ist und folglich alle Gruppenaxiome I. bis IV. erfüllt sein müssen, genügt das **Untergruppenkriterium** zur Charakterisierung von U:

Sei U eine Teilmenge der Gruppe G. Dann ist U eine Untergruppe von G (math. Notation: $U < G$), falls folgende Bedingungen erfüllt werden:

I. die Trägermenge U ist keine leere Menge $U \neq \varnothing$

II. für je zwei Elemente $a,b \in U$ ist die Verknüpfung $a \circ b$ auf U abgeschlossen

III. für jedes Element $a \in U$ enthält U auch das inverse Element a^{-1}

Das Untergruppenkriterium enthält als axiomatische Definition nur minimale Informationen über U, woraus sich die allgemeinen Gruppenaxiome herleiten lassen. Das Axiom der Abgeschlossenheit und der des inversen Elements sind laut Definition eine Voraussetzung damit U eine Untergruppe ist, jedoch muss die Assoziativität und die Existenz des neutralen Elements e noch bestätigt werden:

• Axiom der Assoziativität: für $a,b,c \in G$ gilt das Gesetz der Assoziativität, so muss wenn $a,b,c \in U$ ist, die Assoziativität auch für die Untergruppe U gelten

• Axiom des neutralen Elements: Aus der Verknüpfung von a mit dem inversen Element a^{-1} erhält man das neutrale Element e. D.h. man muss das neutrale Element nicht explizit definieren.

Man kann das Untergruppenkriterium vereinfachen, indem man auf der nichtleeren Teilmenge U die Verknüpfung von a und b^{-1} zu $a \circ b^{-1}$ beschreibt.

Jede Gruppe G hat als triviale Untergruppen die Einheitsgruppe E mit $E = \{e\}$ und die gesamte Gruppe G mit der Kardinalität $|G|$.

Beispiele von Untergruppen

• die additive Gruppe $(\mathbb{R},+)$ hat z.B. die Untergruppen $(\mathbb{Z},+)$, $(2\mathbb{Z},+),(\mathbb{Q},+)$ und $\left(G_4,\oplus_4\right)$

• die multiplikative Gruppe $(\mathbb{R}\backslash\{0\},\cdot)$ hat z.B. die Untergruppe $(\mathbb{Q}\backslash\{0\},\cdot)$

6.2. Die Nebenklassen einer Untergruppe U

Während in Gruppen G als auch in Untergruppen U die Verknüpfung von je zwei Elementen nach dem ersten Gruppenaxiom abgeschlossen auf sich selbst ist, kann man auch eine linksseitige Verknüpfung von einem festen Element $a \in G$ mit den Elementen einer bestimmten Untergruppe U mit $U \subseteq G$ anführen, so dass folgendes gilt:

$$\boxed{a \circ U = \left\{ x \mid x = a \circ u \wedge u \in U \right\}}$$

Die entstehende Teilmenge nennt man *linksseitige Nebenklasse* von U, entsprechend heißt $U \circ a = \left\{ x \mid x = u \circ a \wedge u \in U \right\}$ *rechtseitige Nebenklasse* von U. Vereinfachend benutzt man die Schreibweisen aU bzw. Ua für die jeweilige Nebenklasse.

Der *Satz über Nebenklassen* setzt sich mit den Eigenschaften von Nebenklassen auf der Trägermenge G auseinander:

1. Zwei Nebenklassen sind entweder identisch oder disjunkt

Beweis: Die linksseitigen Nebenklassen aU und bU mit $a \neq b$ haben das Element $x \in U$ gemeinsam: $x = a \circ u_1 = b \circ u_2$ mit $u_1, u_2 \in U$. Daraus folgt:

$$a \circ u_1 = b \circ u_2 \quad | \circ u_1^{-1} \quad \Rightarrow \quad a = b \circ u_2 \circ u_1^{-1} \in bU \quad | \circ u \quad \Rightarrow$$

$$\Rightarrow \quad a \circ u = (b \circ u_2 \circ u_1^{-1}) \circ u \in bU \quad \Rightarrow \quad aU \subseteq bU$$

Aus Symmetriegründen gilt auch $bU \subseteq aU$. Da bU Teilmenge von aU ist und aU Teilmenge von bU müssen die Nebenklassen aU und bU identisch sein. Wenn die Nebenklassen aU und bU <u>kein</u> Element gemeinsam haben, so sind sie nach der vorherigen Betrachtung teilerfremd und disjunkt: $aU \cap bU = \varnothing$

D.h. jedes Element a mit $a \in G$ gehört nur einer Nebenklasse aU an, wodurch die Nebenklasse aU eindeutig durch den *Repräsentanten* a bestimmt wird.

2. Alle Nebenklassen von der Untergruppe U enthalten gleich viele Elemente

Der Beweis beruht auf der Abbildung $f : U \mapsto a \circ U$. Wenn die Funktion f bijektiv, so wird die Trägermenge U als Definitionsmenge von f eineindeutig auf die Wertemenge aU abgebildet und die Mächtigkeit von D_f ist mit der von W_f identisch.

Beweis: Durch die Existenz der Abbildung f von U auf aU für alle Elemente a von U ist die Funktion surjektiv. Aus $a \circ u = f(u) = f(u^{*}) = a \circ u^{*} \big| \circ a^{-1} \Rightarrow u = u^{*}$ folgt die Injektivität von f. $\rightarrow$ Die Abbildung f ist bijektiv.

Durch die Gültigkeit der Bijektion auf der eineindeutigen Abbildung f von U auf aU ist die Mächtigkeit von der Trägermenge U und der Nebenklasse aU identisch.

$$|U| = |aU| \text{ mit } \forall a \in G$$

Für $a = e$ erhält man die Untergruppe $e \circ U = U$ als Nebenklasse von U.

3. Alle Nebenklassen aU von U erzeugen zusammen die Trägermenge G

Aus diesen beiden Eigenschaften resultiert die Erkenntnis, dass alle Nebenklassen aU einer bestimmten Untergruppe U eine Partition der Trägermenge G der Gruppe bilden.

$$\text{Es gilt:} \quad G = \bigcup_{a \in G} aU$$

Die Gültigkeit dieser Verknüpfung ist eine direkte Folgerung aus den Eigenschaften von Nebenklassen, denn jedes Element a gehört nur zu einer Nebenklasse aU an und alle diese disjunkten Nebenklassen enthalten die gleiche Anzahl $|U|$ von Elementen.

In der Mengenlehre bezeichnet man einzelne disjunkte Teilmengen einer Menge G als Klasse, wenn die Vereinigung aller Nebenklassen aU die ganze Trägermenge G abbildet, worauf sich auch die Notation der Neben<u>klasse</u> bezieht.

Die Anzahl der Nebenklassen von einer bestimmten Untermenge U, die zusammen die Trägermenge G konstituieren, nennt man den *Index von U in G* und bezeichnet diese Zahl mathematisch mit $[G:U]$. Der Index von U macht nur für endliche Gruppen G einen Sinn und gehört für diese zu der Menge der Natürlichen Zahlen $\mathbb{N}$ an. In unendlichen Gruppen G strebt der Wert des Index für endliche Untermengen gegen ∞, da die von der Nebenklasse aU zu konstituierende Trägermenge G die Ordnung $|G| = \infty$ hat und für unendliche Untergruppen U mit $|U| = \infty$ gegen ein Wert n mit $n \in \mathbb{N}$.

Diese Eigenschaften werden in gleicher Weise für die rechtseitigen Nebenklassen Ua bewiesen und gelten folglich auch für jene.

Wenn für eine bestimmte Untergruppe U alle linksseitigen Nebenklassen aU mit den rechtseitigen Nebenklassen Ua mit $a \in G$ übereinstimmen, so heißt die Untergruppe U *Normalteiler* von G. Man notiert:

$$aU = Ua \quad \forall a \in G \quad \text{so gilt} \quad U \triangleleft G$$

In ABEL'schen Gruppen sind alle Untergruppen trivialerweise Normalteiler.

Beispiele für Nebenklassen

- Die additive Gruppe $(\mathbb{Z},+)$ besitzt die Untergruppe der ganzen geraden Zahlen $(2\mathbb{Z},+)$. Die Trägermenge der Untergruppe $2\mathbb{Z}$ und die Nebenklasse der ungeraden ganzen Zahlen $2\mathbb{Z}+1$ zu U bilden zusammen die Menge der ganzen Zahlen $\mathbb{Z}$ ab. Die Untergruppe U enthält keine weiteren Nebenklassen mehr, denn jede Zahl ist entweder gerade oder ungerade. So gibt es für die Untergruppe $(2\mathbb{Z},+)$ zwei Nebenklassen. Außerdem erfüllt die Untergruppe $(2\mathbb{Z},+)$ die Funktion des Normalteilers in der ABEL'schen Gruppe $(\mathbb{Z},+)$: $(2\mathbb{Z},+) \triangleleft (\mathbb{Z},+)$

- die Gruppe $\left(G_4,\oplus_4\right)$ besitzt die Untergruppe $\left(U_4,\oplus_4\right)$ mit der Menge $U_4 = \{0;2\}$. Das neutrale Element 0 und das zu sich selbst inverse Element 2 erfüllen das Untergruppenkriterium und bilden somit eine Untergruppe U_4 auf der Gruppe $\left(G_4,\oplus_4\right)$. Aufgrund der Gültigkeit der Kommutativität handelt es sich bei G_4 um eine abelsche Gruppe, worin die Untergruppe U_4 ein Normalteiler von G_4 ist: $U_4 \triangleleft G_4$. Die Nebenklassen zu U_4 setzen sich aus der Addition von den Elementen 0 und 1 mit der Trägermenge U_4 zusammen: die Trägermenge $0+U_4 = \{0;2\}$ und $1+U_4 = \{1;3\}$ als Nebenklassen von $U_4 = \{0;2\}$. Bei weiteren Verknüpfungen mit den restlichen Elementen 2 und 3 erhält man laut den Eigenschaften von Nebenklassen identische Teilmengen: $0+U_4 = 2+U_4 = \{0;2\}$ und $1+U_4 = 3+U_4 = \{1;3\}$ D.h. der Index $\left[G_4:U_4\right]$ von U_4 in G_4 beträgt 2.

6.3. Der Satz von Lagrange

Eines der bedeutendsten Sätze der Gruppentheorie ist der *Satz von Lagrange*, der die Ordnung der endlichen Gruppe G mit der der Untergruppe U anhand des Index von U in Relation stellt. Dieser Satz leitet sich von den allgemeinen Eigenschaften der disjunkten Vereinigung und der Gleichmächtigkeit von Nebenklassen aU mit $a \in G$ her.

$$\left|G\right| = \left|U\right| \cdot \left[G:U\right] \;\rightarrow\; \frac{\left|G\right|}{\left|U\right|} = \left[G:U\right]$$

Die Bedeutung des Satzes liegt nicht darin, dass man den Index $\left[G:U\right]$ ausrechnen könnte, sondern in der Aussage, dass die Untergruppenordnung U ein Teiler der Gruppenordnung G ist. So gilt für eine Gruppe G mit der Ordnung 12, dass ihre Untergruppen U die Ordnung 1, 2, 3, 4, 6 und 12 haben können!

Für unendliche Gruppen G gilt, dass die Ordnung von G und mindestens die Ordnung eines der Faktoren $|U|$ oder $[G:U]$ gegen unendlich ∞ streben muss, wodurch die Gleichung nicht mehr eindeutig auflösbar ist und ihre Bedeutung verliert.

Beweis des Satzes von Lagrange:

Für jede Gruppe G gilt $G = \bigcup_{a \in G} aU$. Aufgrund der Endlichkeit der Gruppe G ist der Index von U mit $[G:U] = n$ genau bestimmt. Die Linksnebenklassen von U werden mit $a_1 U, a_2 U, ..., a_n U$ bezeichnet und bilden bei einer disjunkten Verknüpfung die Trägermenge G ab:

$$|G| = |a_1 U \cup a_2 U \cup ... \cup a_3 U \cup a_4 U| = |a_1 U| + |a_2 U| + ... + |a_3 U| + |a_4 U|$$

Wegen der gleichen Mächtigkeit aller Nebenklassen und der Definition des Index von U als Anzahl der Linksnebenklassen folgt: $|G| = [G:U] \cdot |U|$, womit der Satz von Lagrange bewiesen wäre. q.e.d.

Nach dem Satz von Lagrange gilt für die Ordnung eines Elementes a in einer endlichen Gruppe G, dass sie ein Teiler der Gruppenordnung $|G|$ sein muss, denn alle Verknüpfungen von a mit sich selbst und das neutrale Element e bilden auf G eine zyklische Untergruppe $U = \langle a \rangle$ mit der Ordnung $|U| = |a| = n$ (Satz von Fermat). Diese Untergruppe bildet wie alle anderen Untergruppen von G Nebenklassen und erfüllt somit die Lagrange - Bedingung:

$$\boxed{|G| = [G:\langle a \rangle] \cdot |a| \quad \rightarrow \quad \frac{|G|}{|a|} = [G:\langle a \rangle] \quad \text{mit} \quad [G:\langle a \rangle] \in \mathbb{N}}$$

Des Weiteren sind alle endlichen Gruppen G mit einer Primzahl $m > 1$ als Gruppenordnung zyklisch, was aus dem Satz von Lagrange resultiert. Für die Untergruppenordnung $|U|$ einer solchen endlichen Gruppe G gilt, dass sie entweder den Wert $|U| = |e| = 1$ oder $|U| = |G| = m$ besitzt, damit die Gleichung von Lagrange für eine Primzahl m eindeutig auf $\mathbb{N}$ lösbar ist. Wenn die Untergruppenordnung mit der Kardinalität von G identisch ist, heißt es, dass ein einziges Element a mit $a \in G$ die ganze Trägermenge G erzeugt, wodurch die endliche Gruppe G zyklisch ist.

Es gilt: $\boxed{|U| = |G| = |a| = m \text{ für } a \in G \text{ und } m \in \mathbb{P}}$

Erläuterung des Satzes von Lagrange anhand von Beispielen:

- die Gruppe $(G_4, \oplus_4)$ mit der Gruppenordnung $|G_4| = 4$ hat aufgrund der Aussage des Satzes von Lagrange nur die möglichen Untergruppen U mit den Kardinalitäten 1, 2 oder 4. Während die Untergruppen mit der Gruppenordnung 1 und 4 die triviale Einheitsgruppe $E = \{0\}$ und die gesamte Gruppe G_4 darstellen, handelt es sich bei der Untergruppe mit der Kardinalität 2 um eine wirkliche Untergruppe U_4 mit $U_4 = \{0; 2\}$ von G_4. Dieser hat den Untergruppenindex $[G_4 : U_4] = 2$ und die zwei bereits bekannten Nebenklassen: nämlich $0 + U_4 = \{0; 2\}$ und $1 + U_4 = \{1; 3\}$

$$\boxed{\frac{|G_4|}{|U_4|} = \frac{4}{2} = 2 \; \rightarrow \; [G_4 : U_4] = 2}$$

- Die Gruppenordnung der anderen schon bekannten additiven Gruppe $(\mathbb{Z}, +)$ strebt gegen unendlich ∞, wodurch beliebige Untergruppen mit verschiedenen Kardinalitäten k mit $k \in \mathbb{N}$ und unendliche Untergruppen wie $(2\mathbb{Z}, +)$ möglich sind. Beispielsweise kann die allgemeine additive Restklassengruppe modulo k auf $(\mathbb{Z}, +)$ alle Untergruppen mit der Kardinalität $k \in \mathbb{N}$ erzeugen. Für $k = 4$ bildet $(G_4, \oplus_4)$ eine endliche Untergruppe auf $(\mathbb{Z}, +)$. Jedoch erweist sich ein arithmetischer Umgang mit dem Satz von Lagrange auf unendlichen Gruppen G infolge der mathematischen abstrakten Notation des Unendlichen ∞ als unmöglich!

7. Der Homomorphismus als Abbildung zwischen Gruppen

Um die Struktur von zwei Gruppen G vergleichen zu können, muss man sich zunächst einmal mit den strukturerhaltenden Abbildungen zwischen Gruppen, den so genannten Homomorphismen (gr. „*homo*" = „gleich, identisch" und „*morph*" = „Struktur, Form") befassen.

Definition: Es seien zwei Gruppen $(G, \circ)$ und $(H, *)$ mit verschiedenen Trägermengen und Operatoren gegeben. Eine Abbildung $f : G \rightarrow H$ heißt Homomorphismus, wenn:

$$\boxed{f(a \circ b) = f(a) * f(b) \quad \forall a, b \in G}$$

Während der Begriff des Homomorphismus allgemein für eine Abbildung steht, handelt es sich bei einem Isomorphismus um eine bijektive Zuordnung f von G auf H.

Zwei zueinander isomorphe Gruppen G und H sind im Prinzip strukturgleich und werden durch eine einfache Umbenennung der Elemente ineinander überführt.

Für eine solche isomorphe Abbildung f der Gruppe G auf H notiert man:

$$G \cong H \text{ mit } f : G \rightarrow H$$

Eine spezielle Form der Abbildung ist die Zuordnung f von G auf sich selbst:

$$f : G \rightarrow G$$

Hier unterscheidet man zwischen Automorphismen für auf sich isomorphe und Endomorphismen für auf sich homomorphe Gruppen G.

Sowohl homomorphe als auch isomorphe Abbildungen f von G auf H bilden das neutrale Element $e_G \in G$ auf das neutrale Element $f(e_G) = e_H$ mit $e_H \in H$ und das Inverse eines Elements $a^{-1} \in G$ auf das Inverse seines Bildes $f(a)^{-1}$ ab.

Beweis: (1) Für ein beliebiges Element $a \in G$ gilt: $f(a) = f(e_G \circ a) = f(e_G) * f(a)$.

Daraus folgt $f(e_G) = e_H$ mit $e_H \in H$. Das neutrale Element e_G von G wird also auf das neutrale Element e_H von H projiziert.

(2) Weiter gilt: $e_H = f(e_G) = f(a \circ a^{-1}) = f(a) * f(a^{-1})$ und damit $f(a^{-1}) = f(a)^{-1}$. So wird das Inverse a^{-1} eines beliebigen Elementes $a \in G$ in die Gruppe H abgebildet.

Unter dem $Kern(f)$ eines Homomorphismus $f : G \rightarrow H$ versteht man die surjektive Zuordnung der Elemente $a \in G$ einschließlich e_G auf das neutrale Element e_H von H. Bei einem Isomorphismus wird ausschließlich e_G auf e_H und es gilt $|Kern(f)| = 1$.

$$Kern(f) = \{a \in G \,|\, f(a) = e_H\}$$

Unter der Menge $Bild(f) \subseteq H$ sind alle Elemente zusammengefasst, die man durch das Abbilden von a auf $f(a)$ erhalten kann:

$$Bild(f) = \{a^* \in H \,|\, \exists a \in G : f(a) = a^*\}$$

Nur für isomorphe Gruppen $G \cong H$ werden alle Elemente $a \in G$ eineindeutig (bijektiv) auf die Trägermenge H abgebildet und es gilt $Bild(f) = H$.

Die folgende Abbildung erläutert den Zusammenhang zwischen der homomorphen Abbildung f, dem $Kern(f)$ und dem $Bild(f)$:

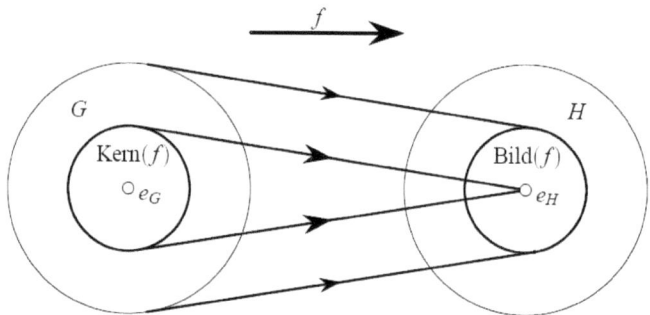

Die vorliegende Graphik veranschaulicht, dass es sich beim $Kern(f)$ um eine wirkliche Untergruppe U_G von G und beim $Bild(f)$ um eine tatsächliche Untergruppe U_H von H handelt, falls die Abbildung homomorph ist und sowohl G als auch H keine Einheitsgruppen darstellen. Für zueinander isomorphe Gruppen gilt dies nicht.

Nach dem vereinfachten Untergruppenkriterium muss man für alle $a, b \in Kern(f)$ prüfen, dass $a \circ b^{-1} \in Kern(f)$ ist. Für die Elemente a und b von $Kern(f)$ gilt:

$$f(a) = e_H \text{ und } f(b) = e_H \text{ mit } e_H \in H$$

Weiterhin braucht man die Gültigkeit der Regel auf Homomorphismen:

$$f(b^{-1}) = f(b)^{-1} = (e_H)^{-1} = e_H$$

Nun kann man zeigen, dass $a \circ b^{-1} \in Kern(f)$ und der $Kern(f)$ eine Untergruppe U_G auf G bildet: $e_H = e_H * e_H = f(a) * f(b^{-1}) = f(a \circ b^{-1})$ mit $a \circ b^{-1} \in Kern(f) \subset G$

Analog zum vorherigen Beweis muss man nun für das $Bild(f)$ die Gültigkeit des Untergruppenkriteriums $f(a \circ b^{-1}) \in Bild(f)$ auf H darlegen:

Wenn $a^*, b^* \in Bild(f)$ ist, so gibt es zwei Elemente $a, b \in G$ mit $f(a) = a^*$ und $f(b) = b^*$. Das inverse Element zu b^* errechnet sich aus $f(b^{-1}) = (b^*)^{-1}$. Durch die Verknüpfung dieser Elemente veranschaulicht man, dass $f(a \circ b^{-1}) \in Bild(f)$ ist, womit gezeigt wäre, dass $Bild(f)$ eine wirkliche Untergruppe U_H auf H erzeugt:

$$f(a \circ b^{-1}) = f(a) * f(b^{-1}) = a^* * (b^{-1})^* \rightarrow a^* * (b^{-1})^* \in Bild(f) \subset H$$

Darlegung des Homomorphismus an Beispielen:

• Die *ABEL*'sche Gruppe der Deckdrehungen eines Quadrates $\left(Z, *_Z\right)$ mit der Träger-

menge $Z = \left\{D_0; D_{90}; D_{180}; D_{270}\right\}$ und der Verknüpfung $*_Z$ ist zu der additiven

Restklassengruppe modulo 4 $\left(G_4, \oplus_4\right)$ isomorph. $\rightarrow \left(Z, *_Z\right) \cong \left(G_4, \oplus_4\right)$

Die Abbildung verdeutlicht die Trägermenge Z und die Entwicklung ihrer Elemente:

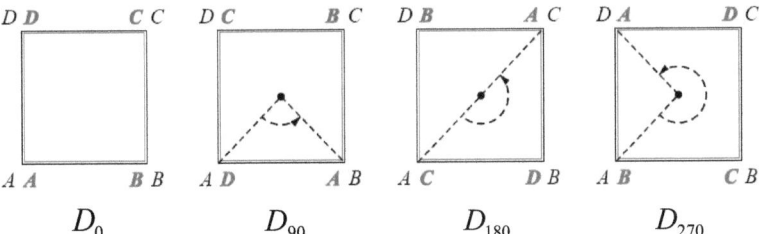

$$D_0 \qquad D_{90} \qquad D_{180} \qquad D_{270}$$

Anhand der Verknüpfungstafeln bestätigt sich die Gültigkeit der Gruppenaxiome und

die Kommutativität auf $\left(Z, *_Z\right)$ als auch die strukturelle Ähnlichkeit von Z und G_4:

Verknüpfungstafel von $\left(Z, *_Z\right)$

$*_Z$	D_0	D_{90}	D_{180}	D_{270}
D_0	D_0	D_{90}	D_{180}	D_{270}
D_{90}	D_{90}	D_{180}	D_{270}	D_0
D_{180}	D_{180}	D_{270}	D_0	D_{90}
D_{270}	D_{270}	D_0	D_{90}	D_{180}

Verknüpfungstafel von $\left(G_4, \oplus_4\right)$

$\oplus_4$	0	1	2	3
0	0	1	2	3
1	1	2	3	0
2	2	3	0	1
3	3	0	1	2

Man kann durch eine isomorphe Zuordnung f alle Elemente der Trägermenge Z

eineindeutig auf die Trägermenge von G_4 abbilden.

Es gilt: $f : \left(Z, *_Z\right) \rightarrow \left(G_4, \oplus_4\right)$ mit $|Z| = |G_4|$

$$\begin{aligned} D_0 &\xrightarrow{f} 0 \\ D_{90} &\rightarrow 1 \\ D_{180} &\rightarrow 2 \\ D_{270} &\rightarrow 3 \end{aligned}$$

z.B. $\boxed{f\left(D_{90} *_Z D_{180}\right) = f\left(D_{90}\right) \oplus_4 f\left(D_{180}\right) = 1 \oplus_4 2 = 3 \rightarrow f\left(D_{270}\right) = 3}$

Der Isomorphismus f bildet nur das neutrale Element D_0 von Z auf das neutrale Element 0 von G_4 ab, d.h. die Untergruppe $\boxed{Kern(f) = \{D_0 \in Z \mid f(D_0) = 0\}}$ von Z hat die Kardinalität 1 für D_0. Da es sich um einen Isomorphismus handelt, werden alle Elemente von Z bijektiv auf G_4 übertragen und man erhält als triviale Untergruppe die gesamte Gruppe G_4 mit $\boxed{(G_4, \oplus_4) = Bild(f) = \{\forall a \in G_4 \mid \exists z \in Z : f(z) = a\}}$.

- Die eingeführte unendliche Gruppe $(\mathbb{Z}, +)$ ist zu der unendlichen zyklischen Gruppe $\langle a \rangle = \{a^n \mid n = 0; \pm1; \pm2; ...\}$ isomorph. Es gilt: $(\mathbb{Z}, +) \cong \langle a \rangle$

In der Gruppe $\langle a \rangle$ spielt vor allem der Exponent n mit $n \in \mathbb{Z}$ die entscheidende Rolle, denn bei allen Verknüpfungen auf $\langle a \rangle$ wird die Basis als Erzeuger der Gruppe beibehalten und es wird stattdessen auf dem Exponenten operiert. Diese Operationen im Exponenten n geschehen nach dem Muster von $(\mathbb{Z}, +)$, womit die Gültigkeit der Isomorphie schon vorausgedeutet ist. Dennoch bedarf ein endgültiger Beweis die Anwendung des Isomorphiekriteriums auf der Abbildung $f : (\mathbb{Z}, +) \rightarrow \langle a \rangle$:

$$\boxed{f(n + m) = f(n) \cdot f(m) = a^n \cdot a^m = a^{n+m} \quad \forall n, m \in \mathbb{Z}}$$

Aufgrund der Unendlichkeit ∞ der Trägermenge von $\langle a \rangle$ kommt es zu keinen Überschneidungen bei der Abbildung f, wodurch die Bijektivität der Funktion gewährleistet ist.

Genauso wie beim vorherigen isomorphen Beispiel besteht die Untergruppe $Kern(f)$ mit $\boxed{Kern(f) = \{0 \in \mathbb{Z} \mid f(0) = a^0 = e\}}$ nur aus dem einzigen neutralen Element 0 von $\mathbb{Z}$, das durch f eineindeutig auf $a^0 = e$ abgebildet wird.

Bei dem $\boxed{Bild(f) = \{a^n \in \langle a \rangle \text{ mit } n \in \mathbb{Z} \mid \exists a \in \mathbb{Z} : f(a) = a^n\}}$ handelt es sich folglich um eine bijektive Abbildung der ganzen Gruppe $(\mathbb{Z}, +)$ auf $\langle a \rangle$ und man erhält als triviale Untergruppe die gesamte Gruppe $\langle a \rangle$.

Diese Beispiele verdeutlichen, dass es sich beim Homomorphismus und beim Isomorphismus um eine strukturelle Relation zwischen zwei Gruppen handelt.

Um diese Beispiele dem Leser in einer angenehmen Form zu visualisieren, benötigt man Cayley-Graphen.

8. Darstellung von Gruppen durch Cayley-Graphen

Der Mathematiker *Arthur Cayley* (* 16. August 1821 in Yorkshire; † 26. Januar 1895 in Cambridge) konnte als erster Mathematiker eine Methode zur geometrischen Darstellung von Gruppen G vorlegen. Diese Art der graphischen Abbildung von Gruppen wird ihm zu Ehren Cayley-Graph genannt und fungiert als wichtiges Hilfsmittel bei der Betrachtung von Gruppen G.

Definition: Ein Graph $\boxed{\Gamma = (G, K)}$ besteht aus einer Punktmenge G, der Trägermenge der Gruppe, und einer Kantenmenge K, wobei jede Kante $k \in K$ zwischen zwei Punkten $a_1, a_2 \in G$ verläuft. Die Kantenmenge ist das Erzeugendsystem $K = \langle k_1, ..., k_n \rangle$ oder der Erzeuger k einer Gruppe, die die Punkte $a_1, a_2 \in G$ mit einer orientierten Kante k von a_1 nach a_2 gemäß $a_1 \circ k = a_2$ verbindet. Γ_G heißt *Cayley-Graph* oder *Gruppenbild* der Gruppe G bezüglich des Erzeugendsystems K oder des Erzeugers k.

Bei der Beschriftung eines Cayley-Graphen werden den Punkten a_i die zugehörigen Elemente der Trägermenge G und jeder Kante k_i ihr Erzeuger so zugeordnet, dass die zugehörigen Gruppenelemente ineinander überführt werden.

Beispiele von Cayley-Graphen:

• der Cayley-Graph Γ_{G_4} der endlichen Gruppe $\left(G_4, \oplus_4 \right)$ mit dem Erzeuger 1

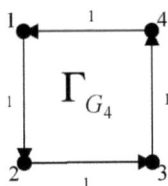

• der Cayley-Graph Γ_Z der unendlichen Gruppe $(\mathbb{Z}, +)$ mit dem Erzeuger 1

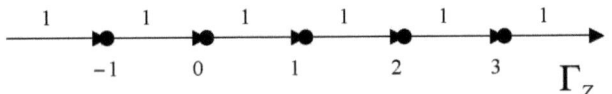

Während in den Ausführungen die algebraische Betrachtung der Gruppentheorie auf den aus der Schule bekannten Mengen M dominierte, verdeutlicht die Darstellung der Gruppe durch Cayley-Graphen Γ_G die Schnittstelle zwischen Algebra und Geometrie. Durch diese Art der Darstellung werden die Gruppen selbst zu geometrischen Objekten (vgl. der Cayley-Graph Γ_{G_4} und die Gruppe der Isometrien des Quadrates Z), welches eine fundamental neue Sicht auf die Gruppentheorie öffnet und eine klare Abgrenzung von euklidischer Geometrie und Algebra verschwinden lässt.

9. Anwendung der gruppentheoretischen Kenntnisse auf dem Mini Cube

Der *Mini Cube* der rubikschen Zauberwürfelreihe ist eine kleine $2 \times 2 \times 2$ Variante des ursprünglichen $3 \times 3 \times 3$ Rubik Cube's, der im Jahre 1980 zum *„besten Solitärspiel"* ausgezeichnet wurde und seitdem einen Kultstatus genießt.

Er besteht aus 8 Eckwürfeln, die jeweils mit 3 Farben bedruckt wurden und zusammen ein Quadrat mit 6 verschiedenen Seitenfarben bilden. Die einzelnen Seiten sind in jeweils 2 Ebenen unterteilt und lassen sich durch 90°-Drehungen um die jeweilige Mittelachse zur Deckung bringen. Ziel der einzelnen Drehungen ist es, die ungeordneten Eckwürfel in ihre einheitliche Grundstellung wieder zu bringen. In der Mathematik wird ein Vertreter der rubikschen Baureihe benutzt um die Gruppentheorie an einem geometrischen Beispiel zu demonstrieren. In den folgenden Ausführungen wird gezeigt werden, dass es sich beim Mini Cube um eine endliche Gruppe $(R, \circ)$ handelt.

9.1 Die Elemente von R und die Bedeutung des Operators ∘

Bei der Bestimmung der Elemente der Trägermenge R stößt man auf Schwierigkeiten, da keine Zahlen oder Eckpunkte zugeordnet werden können.

Der Mathematiker David Singmaster beseitigte dieses Problem, indem er die um $n \cdot 90°$ mit $0 \leq n < 4$ gedrehten Seiten *Vorne V, Hinten H, Rechts R, Links L, Oben O* und *Unten U* als Erzeugendsystem M der Trägermenge R bestimmt hat. Das neutrale Element e der Gruppe R wird durch die Elemente $V^0 = H^0 = R^0 = L^0 = O^0 = U^0 = e$ dargestellt. Die 0 im Exponenten bedeutet, dass die Seiten gar nicht gedreht werden. Die binäre Verknüpfung ∘ der Elemente von $(R, \circ) = \langle M \rangle$ erzeugt eine Zugkombination mit der man die geforderte Grundposition des Zauberwürfels erreichen kann.

9.2. Gültigkeit der Gruppenaxiome auf R

Damit es sich bei der algebraischen Struktur $(R,\circ)$ um eine Gruppe handelt, müssen alle Gruppenaxiome auf R erfüllt sein. Die Gültigkeit der Gruppenaxiome wird anhand von Beispielen veranschaulicht:

1. *Axiom der Abgeschlossenheit*

Die Verknüpfung $\circ: R \times R \to R$ ordnet den Elementen V^1 und R^2 mit $V^1, R^2 \in \langle M \rangle$

ein $V^1 R^2 \in \langle M \rangle$ als Ergebnis der Operation zu. Aufgrund der Existenz der Drehung der vorderen Seite um 90° und der rechten Seite um 180° auf dem Mini Cube ist die Gruppe R abgeschlossen.

2. *Axiom der Assoziativität*

Bei der stetigen Gruppenoperation der Verknüpfung können Klammern beliebig gesetzt werden und verändern demzufolge das Endergebnis nicht.

B: $\boxed{(V^1 \circ R^2) \circ O^1 = V^1 \circ (R^2 \circ O^1) = V^1 R^2 O^1 \text{ mit } V^1 R^2 O^1 \in R}$

3. *Axiom des (linksseitigen) neutralen Elements*

Die Verknüpfung des eingeführten neutralen Elements e der Gruppe R mit einem beliebigen Element beispielsweise $V^1 \in R$ bildet das V^1 wieder auf sich ab.

B: $\boxed{e \circ V^1 = V^1}$

Bei einer Verknüpfung des neutralen Elements e mit sich selbst wird die Position des Mini Cube's im Raum nicht verändert.

4. *Axiom des (linksseitigen) inversen Elements*

Für jedes Element aus R kann man ein linksseitiges eindeutiges Inverses bestimmen, so dass eine Operation mit diesem das neutrale Element e ergibt.

B: $\boxed{V^1 \circ V^{-1} = V^{1+(-1)} = V^0 = e \text{ mit } V^1, V^{-1} \in R}$

Die vorherige Abhandlung beweist, dass es sich bei der algebraischen Struktur $(R,\circ)$ um eine Gruppe handelt, die somit alle Gruppeneigenschaften aus dem vierten Kapitel erfüllt. Aufgrund der Abhängigkeit der Ecksteine von der Drehung der jeweiligen Seiten gilt das Kommutativgesetz auf R nicht und man erhält verschiedene Positionen des Mini Cube's bei einer beliebigen Reihenfolge der verknüpften Elemente.

B: $\boxed{V^1 \circ R^2 \neq R^2 \circ V^1}$

$\to$ Die Gruppe $(R,\circ)$ ist also nicht abelsch!

9.3. Die Element- und Gruppenordnung in R

Da die Elemente der Trägermenge R keine Positionen der Eckwürfel des Mini Cube's sind, sondern Drehungen der Seitenebenen, stimmen die möglichen Stellungen der Eckwürfel mit der Gruppenordnung R nicht überein. Die Bestimmung der Gruppenordnung $|R|$ beruht auf komplexen Algorithmen und würde den Rahmen der Facharbeit überschreiten. Die Komplexität dieser Rechenverfahren bedarf Hochleistungsrechner oder Distributed-Computing-Verfahren von heute, was die späten Entwicklungen auf den Zauberwürfeln rechtfertigt. Erst im Jahre 2007 fand man heraus, dass man die maximale Mindestanzahl von 26 Drehungen benötigt, um den $3 \times 3 \times 3$ Rubik Cube in seine unsprüngliche Position zu überführen.

Im Gegensatz dazu kann man die Ordnung eines einfachen Elementes leicht bestimmen. So haben alle um 90° gedrehten Seitenelemente die Ordnung 4, denn man benötigt genau 4 solche Züge um dieses in seine Ursprungsform zu bringen. Für die anderen komplexeren Elemente von R ist das weit aus schwieriger.

$$\textbf{B:} \quad \boxed{\left|V^1\right| = 4 \text{ mit } V^1 \circ V^1 \circ V^1 \circ V^1 = V^{(1+1+1+1) \bmod 4} = V^0 = e}$$

9.4. Die Untergruppe $\left\langle V^1 \right\rangle$

Obwohl die Gruppenordnung $|R|$ unbekannt ist, kann man durch die Größe der Trägermenge R postulieren, dass sehr viele Untergruppen U von R existieren. Eines dieser Untergruppen ist die zyklische abelsche Gruppe $\left\langle V^1 \right\rangle$ mit dem Erzeuger V^1, die auf der Vorderseite des Mini Cube's operiert. Sie erzeugt mit ihren Nebenklassen rU für alle $r \in R$ die gesamte Gruppe $(R, \circ)$. Der Blick auf die Vorderseite des Mini Cube's und die Kenntnise über die Untergruppe $\left\langle V^1 \right\rangle$ verdeutlicht die Ähnlichkeit von $\left\langle V^1 \right\rangle$ mit der Gruppe der Isometrien des Quadrates $(Z, *_Z)$. Daraus lässt sich schließen, dass die Untergruppe $\left\langle V^1 \right\rangle$ zu der Gruppe $(Z, *_Z)$ und folglich zu $(G_4, \oplus_4)$ isomorph ist.

Seitenebene V

Es gilt: $\boxed{\left\langle V^1 \right\rangle \cong (Z, *_Z) \cong (G_4, \oplus_4)}$ (Beweis analog zu $(Z, *_Z) \cong (G_4, \oplus_4)$)

Dieses Beispiel veranschaulicht, dass die Gruppentheorie in vielen logischen Strukturen v.a. bei Geduldspielen zu finden ist und rundet durch die Anwendung der erworbenen Kenntnisse auf dem Mini Cube diese Arbeit ab.

10. Schlusswort

Die Gruppentheorie öffnete den Weg für einen der bedeutendsten und revolutionärsten Gedanken der Mathematik – die Galoistheorie.

Die Galoistheorie liefert eine Antwort auf die in vergangenen Zeiten vergeblich gesuchte Lösungsformel für polynomiale Gleichungen von höherem Grad als 4, die nach dieser Theorie auf der Trägermenge $\mathbb{R}$ nicht zu lösen sind. Nicht nur diese grundlegende Frage konnte somit beantwortet werden, sondern weitere Aussagen wie die Unmöglichkeit der Quadratur des Kreises, der Drittelung eines Winkels und der Verdopplung des Volumens eines Würfels mit jeweils nur Zirkel und Lineal konnten getroffen werden.

Eine solche Entwicklung konnte nur durch die Einführung der Galois-Gruppe erfolgen, welches auch der Grund ist, warum man sich im Mathestudium mit dieser diffizilen Materie beschäftigt und wohin die Gruppentheorie im Studium arbeitet.

Das ist ein mathematisches abstraktes Beispiel für die Vorzüge der Gruppentheorie, das nur den mathematisch Interessierten betrifft. Doch die verschiedenen Anwendungen in der Chemie, Physik und natürlich der Informatik veranschaulichen den wichtigen Stellenwert der Gruppentheorie in allen Naturwissenschaften und ihre Bedeutung für den einzelnen Menschen wird vor allem in der heutigen Informationsgesellschaft des 21. Jahrhunderts deutlich.

Nicht nur der Mathematiker, sondern jeder wird folglich auf irgendeine Weise mit der Mathematik - meist unbewusst - konfrontiert. Die Mathematik ist überall!

11. Anhang

11.1. Literaturverzeichnis

11.1.1. Bücher

- Beutelspacher, A., Lineare Algebra, Wiesbaden, 2003[6], S. 227-238

- Böhme, G., Algebra – Anwendungsorientierte Mathematik, Heidelberg, 1992[7], S.103-123

- Cigler, J., Körper Ringe Gleichungen, Heidelberg, 1995, S. 155-168

- Colonius, F., Lineare Algebra I, Augsburg, Sommersemester 2007

- Menth, M., Lineare Abbildungen, Würzburg, 1994, S.111-115

- Van der Waerden, B. L., Algebra 1, Zürich, 1971[8], S. 13-29

11.1.2. Vorlesungsskripte als pdf – Dateien

- Bongartz, K., Algebra 1, o.O., Sommersemester 2001, S. 3-9

- Bruns, W., Einführung in die Algebra, Osnabrück, Sommersemester 2001, S. 65-73

- Gräter, J., Algebra, Potsdam, 2005, S. 5-12

- Huber-Klawitter, A., Algebra 1, Leipzig, Wintersemester 2002/03, S. 6-19

- Kersten, I., Algebra, o.O., 2002, S.13-34

- Klika, M., Algebraische Strukturen, Hildesheim, Sommersemester 2005, S. 1-10 & S. 14-20

- Maier, H., Algebra 1, o.O., Wintersemester 2003/04, S. 5-16

- Müller, P., Algebra 1, o.O., Wintersemester 2004/05, S. 3-13

- Pohst, M., Einführung in die Algebra, Düsseldorf, Wintersemester 1991/92, S. 4-18

- Richter-Gebert, J., Höhere Mathematik für Informatiker, o.O., Wintersemester 2001/02, S. 3-6, S. 11-14 & S. 33-36

- Schweigert, C., Algebra 1, Hamburg, Sommersemester 2003, S. 1-10

- Schwänzl, R., Algebra 1, Osnabrück, 1996, S. 2-14

- Slateff, A., Gruppentheorie, o.O., 2001, S. 3-7

- Ziegenbalg, J., Zum Begriff der Gruppe, dem Satz von Lagrange und den Sätzen von Fermat und Euler, Karlsruhe, 2002, S. 1-13

11.1.3. Internetbeiträge

- Richter-Gebert, Jürgen: Vorlesung vom 19.11.2002 – Rubic's Cube
http://www-hm.ma.tum.de/archiv/in1/ws0203/v021119.html, aufgerufen am 24.01.2008

- Technische Universität Freiberg: Zur Geschichte der Gruppentheorie
http://www.mathe.tu-freiberg.de/~hebisch/cafe/algebra/gruppenhistorie.html, aufgerufen am 24.01.2008

- Technische Universität München: Vorlesungsprogramm
http://www-hm.ma.tum.de/archiv/in1/ws0102/inhalt.html, aufgerufen am 24.01.2008

- Wikipedia: Mini Cube
http://de.wikipedia.org/wiki/Pocket_Cube, aufgerufen am 24.01.2008

- Wikipedia: Zauberwürfel
http://de.wikipedia.org/wiki/Zauberw%C3%BCrfel, aufgerufen am 24.01.2008

11.2. Bilderverzeichnis

- „Verknüpfungstafel von $(G_4, \oplus_4)$" im Kapitel 5.1. (S.11) und 7 (S.23) aus der pdf-Datei: Richter-Gebert, J., Höhere Mathematik für Informatiker, o.O., Wintersemester 2001/02, S. 6

- „Abbildung f mit dem $Kern(f)$ und $Bild(f)$" im Kapitel 7 (S.22) aus der pdf-Datei: Richter-Gebert, J., Höhere Mathematik für Informatiker, o.O., Wintersemester 2001/02, S.34

- Porträts verschiedener Mathematikern in den Kapiteln 8 (S.25) aus den Internetseiten:
  - http://turnbull.mcs.st-and.ac.uk/history/PictDisplay/Jordan.html, aufgerufen am 24.01.2008
  - http://www.at-mix.de/images/glossar/hamilton.jpg, aufgerufen am 24.01.2008
  - http://turnbull.mcs.st-and.ac.uk/history/PictDisplay/Cayley.html, aufgerufen am 24.01.2008

- Abbildungen des Mini Cube's im Kapitel 1 (S.4) und 9 (S.26) aus den Internetseiten:
  - http://www.answers.com/topic/pocket-cube-solved-jpg-1
  - http://www.answers.com/topic/pocket-cube-jpg-1
  - http://www.answers.com/topic/pocket-cube